AF229041

VOYAGE

AU TONKIN

---

par Félix GERMOND

Soldat au 11ᵐᵉ chasseurs à pied

LE MANS

IMPRIMERIE BEAUVAIS, RUE DE QUATRE-ROUES, 32

1886

VOYAGE AU TONKIN

PAR Félix GERMOND

SOLDAT AU 11me CHASSEURS A PIED

Avant de partir d'Alençon, le dimanche 26 avril 1885. Les habitants s'étant cotisés entre eux offrirent un dîner à tout le bataillon. Pour les remercier, le soir, nous faisons la dernière retraite en fanfare, ce qui leur a beaucoup plu. Le 27 au matin, derniers préparatifs de départ, et à 1 heure de l'après-midi ; nous partons de la caserne précédés par la fanfare municipale d'Alençon qui a tenu à venir nous conduire à la gare. Nous passons au milieu d'une haie formée par les habitants au nombre de plus de 5,000 personnes. Enfin à 2 heures 15 le sifflet résonne et nous partons pour Toulon où nous devons embarquer sur l'*Amazone*, navire qui sert de transport pour les troupes.

Dans le voyage d'Alençon à Toulon nous nous sommes arrêtés à Moulins et à Marseille où nous avons été très-bien reçus par les troupes qui se trouvent dans ces villes.

Jeudi 30 Avril, nous arrivons à Toulon vers 2 heures de l'après-midi et vers 4 heures nous commençons à embarquer sur l'*Amazone*; mais nous ne partons que le lendemain à midi.

En sortant de Toulon nous nous trouvons en pleine Méditerranée et nous arrivons bientôt en vue de Messine et des îles de Crète, etc., etc. Mardi 5 Mai arrivée à Port-Said.

Très-jolie ville, éclairée au gaz. En face de nous à peu près à 20 mètres environ nous voyons un beau café, appelé le palais de Cristal. Nous entendons jouer la *Marseillaise* par un orchestre composé en partie de jeunes femmes. Là nous prenons du charbon et nous nous approvisionnons de pain, viande et eau douce. Très curieux de voir les noirs charrier le charbon. Nous y restons la nuit et le lendemain matin à 4 heures nous partons jouant quelques morceaux. En sortant de Port-Said, nous rentrons bientôt dans le canal de Suez. Ici nous sommes à même de juger de ce que peut l'intelligence et la force d'esprit de l'homme, car nous voyons les beaux travaux exécutés par M. Ferdinand de Lesseps. Le canal n'est pas très-large, il y passe juste deux navires côtes à côtes; mais de distance en distance, c'est-à-dire à peu près tous les 10 kilomètres, il y a des gares établies. Ces gares se composent d'une ou plusieurs habitations pour les blancs qui les occupent, et d'un espèce de fanal pour éclairer la nuit. Puis là le canal se trouve un peu plus large afin de permettre aux navires de se garer pour laisser le passage aux plus pressés. Le long des rives nous voyons des noirs travailler aux remblais pour retenir l'eau de la mer. Nous n'apercevons outre les gares que du sable en quantité car nous sommes en plein désert. Nous avons deux jours de trajet pour sortir du canal et pour arriver à Suez.

Nous arrivons à Suez le 7 Mai ; mais nous ne nous y arrêtons pas. cependant en passant dans le port qui est très grand et magnifique nous passons devant la *Provence*, navire de la ville de Marseille, qui est en route pour rentrer dans cette ville. Nous jouons aussi quelques morceaux pour nous saluer réciproquement.

Le vendredi matin nous commençons à entrer dans la mer Rouge. Ici il y fait très-chaud, aussi nous avons pris des casques coloniaux en liège et qui ont la forme des casques prussiens afin de nous garantir de la chaleur.

(J'avais oublié de vous dire, combien nous étions sur le navire, au moins 1250 hommes, équipage compris.

Le navire a 123 mètres de long sur 25 à 30 mètres de large. C'est
un trois-mâts avec deux cheminées.)

Le Vendredi, vers 4 heures, de l'après-midi nous avons eu un
commencement d'orage, la pluie tombait assez fort et le tonnerre
grondait. Un de nos camarades est tombé d'insolation : en ce moment
il va très-mal, car le major ne répond pas de le sauver. Jusqu'à présent nous avons eu un temps magnifique, sans vent ni roulis. D'après
les on-dit des matelots, il faut nous attendre, maintenant que nous
sommes dans la mer Rouge, à avoir pas mal de tangage et de roulis.

Nous sommes assez malheureux en ce moment car toute la journée
il faut rester sur le pont, et malgré les toiles que nous avons pour
nous garantir du soleil nous sommes complètement grillés toute la
journée. Dès le matin à partir de 6 heures nous montons sur le
pont pour n'en descendre que le soir à la retraite. Vous voyez ce que
l'on a de temps à s'ennuyer. Lorsque le soir nous descendons dans
les batteries pour nous coucher, c'est comme dans une fournaise
que nous rentrons. Nous avons de la peine à nous coucher car il
faut rester tout habillés ; aussi dès que le jour paraît, on se dépê-
che de monter sur le pont pour respirer. A toutes les places ou esca-
liers que nous pourrions passer, des sentinelles sont placées pour
empêcher de descendre dans les batteries; si par malheur on veut
forcer la consigne, entre camarades, comme cela se fait de temps en
temps, si un officier ou un sergent s'en aperçoit ils vous font em-
poigner et mettre aux fers. Cela est déjà arrivé à plusieurs ; mais
cette punition n'est pas grave, car c'est dans le poste de l'équipage
qu'on les conduit et là, les matelots leur donnent soit du tabac pour
fumer, ou à l'heure de leur repas du vin ou du fricot.

Aujourd'hui Samedi nous nous sommes levés à 4 heures pour
laver notre linge, mais vous savez bien quel lavage que cela peut
être, car nous n'avons ni brosses, ni planches pour l'appuyer
afin de bien le laver. Enfin cela est assez pour pouvoir le
nettoyer un peu. A la suite du mauvais temps d'hier nous avons
eu beaucoup d'hommes malades, toujours par le mal de mer.

Pendant que j'y pense, que je vous raconte un peu ce qui se
passe à peu près tous les soirs en rentrant dans nos batteries.

Nous avons justement avec nous quelques types qui n'aiment pas la rigolade, c'est alors que cela marche mieux car, aussitôt qu'ils sont endormis, nous nous amusons soit à leur tirer les cheveux ou bien à prendre leur traversin et à leur en donner des coups sur la tête. Ou bien encore, comme à chaque instant il passe pas mal de bonshommes dans notre couloir et que nous sommes couchés 3 sur la hauteur, chaque fois qu'il en passe, ceux qui sont en haut lui enlèvent sa calotte ou son képi et alors toute la batterie rit aux éclats et se moque du pauvre diable.

Il y en a qui prennent assez bien la plaisanterie, mais d'autres qui se fâchent, vont chercher un sergent pour empêcher ce jeu ; quand le sergent arrive tout le monde se met à crier et à dire que l'on pourrait bien les laisser dormir sans venir faire du bruit à pareille heure. Lorsque le sergent entend cela, il ne fait qu'une chose, c'est de rire du pauvre malheureux à qui est arrivé la farce et de s'en aller.

(Samedi). Le soir vers 5 heures nous avons aperçu une belle bande de marsouins qui nous ont bien amusés par leurs bonds. Ils étaient environ 100 et c'était vraiment curieux de les voir se poursuivre, sauter 5 ou 6 à la fois, puis plonger et reparaître ensuite et cela pendant à peu près une demi-heure. J'oubliais de vous citer un petit incident qui s'est passé ce matin. Dès notre embarquement à Toulon il avait été expressément défendu d'avoir des allumettes, malgré cet avertissement plusieurs en avaient gardé et jusqu'à présent personne n'en avait rien su, mais aujourd'hui un maladroit s'est laissé prendre par un capitaine. Pour le punir, ne sachant pas son nom, il en a rendu compte au général qui est avec nous ; au lieu d'être puni seul nous l'avons tous été, c'est-à-dire que le général nous a tous privés de notre ration de vin. Au moment de la soupe personne n'en savait rien. Vous voyez d'ici notre désappointement en allant chercher le vin quand on nous a dit qu'il n'y en avait pas. Voyant cela, quelques uns ont voulu réclamer ; mais ils ont perdu leur temps, car le général n'a rien voulu entendre : au contraire il les a fait mettre aux fers.

Dimanche 10 Mai. Le matin à 9 heures l'aumônier du bord a

dit sa messe, c'est la 2ᵉ que nous entendons depuis notre départ, pendant laquelle nous avons joué quelques morceaux de musique.

Le soir, vers 6 heures, nous faisons de la musique pour les officiers trois fois par semaine. Donc aujourd'hui nous sommes allés à l'arrière du navire comme d'habitude jusqu'à 7 heures 1/2. Nous croyions avoir fini, lorsque le général en chef nous fait prier de rester plus longtemps. C'était tout simplement pour jouer pendant que ces messieurs prenaient le thé. Enfin il nous a fallu faire bonne mine, nous n'avons pas eu à nous en plaindre car l'on nous a servi plusieurs bocks de bière, ce qui nous a fait grand plaisir; il y avait longtemps que nous n'en avions bu et d'autant plus qu'il n'y en a que pour les officiers. La soirée s'est terminée vers 10 heures 1/2. Le lundi rien de remarquable, la journée s'est passée comme d'ordinaire.

Le Mardi 12, nous arrivons à Aden où le navire fait ses provisions. Vers 6 heures du matin, l'on vient nous réveiller pour faire musique à l'arrière, mais aussitôt arrivés nous sommes obligés de descendre pour nous mettre en tenue car nous allons jouer sur l'*Alliouldi*, navire qui ramène des blessés du Tonkin et des passagers dont un amiral. Ce changement de tenue était forcé, car il faut vous dire, que depuis quelques jours nous n'avons pour tout vêtements qu'un bourgeron en toile, un pantalon de treillis et comme chaussures….rien.

Donc nous nous embarquons (rien que la fanfare) sur un petit vapeur qui nous mène à bord de l'*Alliouldi*. Là nous jouons quelques morceaux et l'on nous donne aussi un bock de bière.

En revenant de ce navire, nous avons encore joué pendant le premier déjeuner des officiers jusqu'à près de 11 heures, sans déjeûner, sans avoir rien pris depuis la veille 4 heures du soir qu'un peu de café, avant notre départ pour l'*Alliouldi*. Sur ce navire nous avons vu beaucoup de passagers et pas mal de femmes françaises et anglaises. Cela nous a été bien doux de pouvoir causer avec d'autres types que nos camarades qui sont à bord avec nous.

Vers midi, embarcation du bétail, moitié moutons, moitié bœufs, puis du vin et de l'eau douce.

Pendant le temps que nous sommes restés en vue d'Aden nous nous sommes bien amusés. De jeunes noirs sont venus avec leurs embarcations qui sont tout simplement faites d'un tronc d'arbre creusé pour leur permettre de se tenir dedans : ils se faisaient un jeu de sauter à la mer cinq ou six à la fois pour pouvoir attraper une pièce de cinq centimes que les officiers leur jetaient. Ce manège a duré depuis six heures du matin jusqu'à notre départ qui a eu lieu vers trois heures de l'après-midi.

Le 18 mai, vers huit heures du soir, nous avons fait la rencontre d'un navire anglais. Depuis plus d'une heure nous apercevions ses feux, mais notre commandant ne pouvait s'expliquer au juste de quelle nation il était. Pour le savoir nous avons envoyé des fusées de notre bord, mais inutilement : il ne comprenait pas. Voyant cette chose étrange, le commandant fait stopper et nous fait piquer droit sur lui ; au bout de vingt minutes à peu près nous arrivons à côté et le commandant parlemente avec l'autre. Là nous apprenons que c'est un navire de guerre anglais qui attend plusieurs des siens car il y en a trois ou quatre qui sont en détresse. Une heure après nous reprenons notre chemin, sans plus nous occuper de ce qui s'était passé et nous descendons dans nos batteries afin de prendre un peu de repos.

Aujourd'hui 20 mai, neuf heures du matin, nous sommes arrivés à Colombo. Avant de jeter l'ancre nous jouons un pas redoublé et nous aurions continué sans aucun doute, lorsque la pluie nous a forcés de redescendre.

Colombo, comme ensemble, est une très-jolie ville et a un beau port. Ici, comme dans tous les endroits où nous nous sommes arrêtés, nous trouvons tout ce que nous voulons, en fait de productions du pays ; telles que noix de coco, bananes, citrons, oranges, ananas et bien d'autres encore.

Vers midi, l'on fait rappeler la fanfare pour aller jouer sur le *Drac*, navire français, qui revient du Tonkin et rentre en France. L'équipage qui le compose est resté 35 mois au Tonkin, il est très-content de revenir en France car les soldats sont tous libérables, c'est-à-dire qu'ils sont de la classe et qu'une fois arrivés à Toulon ou à Marseille, on les renverra dans leurs foyers. Malheureusement ils vont être retardés car leur machine est avariée ; pour arriver à Colombo, ils sont venus à la voile. De cette manière ils n'ont fait que quatre lieues en cinq ou six jours. En ce moment, ils sont à réparer leur machine ; aussitôt fini, ils vont faire route pour la France ; mais ils ne peuvent y arriver que vers le 10 ou le 15 juillet.

A bord du *Drac*, nous sommes restés à peu près une heure, pendant ce temps nous avons joué plusieurs morceaux, entre autres la *Marseillaise*, qui a été bien applaudie, car il y avait longtemps qu'ils ne l'avaient entendue : cela leur a fait espérer de revoir leur patrie. Ils nous ont offert à chacun un verre de vin pour nous remercier ; puis nous nous sommes quittés en nous souhaitant, de part et d'autre, un bon voyage et bonne santé. Au mement où nous montions dans les canots et que nous allions lâcher les amarres, un hourrah formidable est parti de leur bord en signe d'adieu, puis nous nageons (en terme de marine) pour revenir sur l'*Amazone*. Vers cinq heures du soir, nous jouons encore quelques morceaux pour lever l'ancre, puis nous cinglons vers Singapour.

Dans Colombo, toutes les maisons sont couvertes en tuiles et très-basses, cela sans doute à cause de la chaleur. Nous voyons çà et là, quelques fiacres qui sillonnent les rues. Cette ville est entourée de palmiers, bananiers, cocotiers, etc.

Le 24 mai, nous passons en vue des iles Nicobard et Sumatra qui longent la côte jusqu'à Singapour.

Ce jour-là nous avons grande fête à bord. C'est la fête de la Ligne ou autrement dit le Baptême du Tropique. Donc, vers midi, la fête commence ; la troupe qui forme cette fête se trouve être composée d'une vingtaine d'hommes du bord. Voici les principaux personnages : 1º le roi et la reine du Tropique ; 2º le père de la Ligne ; 3º quelques décrotteurs ; 4º Neptune le dieu des eaux ; 5º des pâtissiers, perruquiers, diables ; 6º Un capitaine-pilote, un officier du roi, le fou du roi, un meunier, des gendarmes, un avocat, un curé et un docteur. Tous ces personnages remplissent assez bien leur rôle et sont très-drôles avec leurs costumes baroques, leurs barbes et leurs cheveux postiches, qui n'ont pas moins de 50 centimètres de longueur.

A midi précis, grande cavalcade de la troupe, ayant en tête la musique; ensuite, représentation devant le commandant du bord et les officiers. Cette représentation consiste en tours de force, sauts périlleux, elc., exécutés par un acrobate du 11e bataillon de chasseurs.

Puis vient la présentation au roi et à la reine des passagers et des personnes qui passent la ligne du Tropique pour la première fois. Plusieurs officiers se sont trouvés présentés au roi, lequel a ordonné à son perruquier, de les raser et couper les cheveux à l'aide d'un énorme rasoir et d'une paire de ciseaux en bois; puis, chaque personne rasée, inscrit son nom sur un registre et donne son obole. Cela fait, chacun va retrouver sa place et bientôt le baptême commence. Ici, c'est un officier qui, le premier, l'a reçu. Etant venu s'asseoir sur un baquet, servant de siège, un des serviteurs du roi a retiré la planche sur laquelle l'officier était assis et l'a fait tomber dans le baquet. Vous voyez d'ici le rire général; puis, comme il n'était pas assez mouillé, un homme a pris le jet qui sert à faire couler l'eau sur le pont et l'a complètement inondé. Alors, ce fut le signal, car, à partir de ce moment, tous les officiers et soldats ont été submergés. Le général lui-même a pris le jet et cinglait durement sur les hommes. Cet amusement a duré près d'une heure et demie, il aurait continué plus longtemps, si un accident n'était arrivé.

Au plus beau de notre baptème nous entendons retentir : « Un homme à la mer ! » A ce cri, tout le monde se penche sur les bastingages, monte sur les tentes pour pouvoir découvrir l'endroit où il pouvait être, mais le commandant du bord nous fait descendre et nous impose silence d'une voix et d'une fermeté qui n'admettait pas de réplique. Puis vivement l'on jette quelques bouées et l'on descend une chaloupe montée par 6 hommes commandée par le second du navire. Ensuite, pendant que la chaloupe nageait vers l'homme, le commandant fait stopper et renverser la vapeur arrière, nous reculons pour éviter le plus de chemin possible à la chaloupe. Toutes ces manœuvres nous semblaient ne devoir jamais finir et nous tremblions pour la vie du pauvre homme, lorsqu'un coup de sifflet, parti de la chaloupe, nous apprit enfin qu'il était sauvé. A ce moment nous commençâmes à respirer, car vraiment cela vous fait un effet étrange quand on voit un pareil accident. Non-seulement nous avions peur qu'il ne sût pas nager, mais comme le matin nous avions aperçu des marsouins, nous craignions qu'il se trouvât entouré par ces bêtes et qu'il ne puisse se défendre. Enfin il s'en est tiré à son honneur sain et sauf. Heureusement pour lui qu'il savait nager : c'était un chauffeur du bâtiment.

Mardi 26 mai, nous arrivons à Singapour, port de mer anglais. L'entrée est très-difficile, l'on ne peut y arriver qu'à l'aide d'un pilote exprès, car ce sont de tout petits îlots qui se trouvent à l'entrée. En plus, il y a une île sur laquelle sont plusieurs pièces d'artillerie afin de pouvoir défendre le passage. Là nous devions descendre à terre pour faire des provisions de charbon et de glace ; une partie du charbon a été emmagasinée sur le pont, puis descendue dans la soute. Pour ces opérations nous devions débarrasser le pont et descendre à terre ; nous en aurions profité pour nous rapproprier et laver nos effets, mais, au moment où nous étions prêts à descendre, un ordre du gouverneur anglais nous est arrivé pour nous en empêcher. Cela nous prive de jouer quelques morceaux à terre, mais on nous a fait travailler sérieusement à l'arrière du bâtiment. Ainsi, de midi à six heures du soir, nous n'avons pas cessé de jouer. Vous comprenez quelle scie et quelle fatigue. De plus, pour nous récompenser, le soir nous n'avons pu manger à notre appétit, car c'était du riz, et il était tellement mauvais, que nous l'avons jeté à la mer. Heureusement encore que nous avions notre quart de vin ; alors nous avons pu tremper notre pain dedans, et il a fallu nous serrer d'un cran en attendant le déjeûner du lendemain. Nous quittons Singapour vers six heures un quart et nous nous dirigeons vers Haï-Phong où nous devons arriver à la fin de la semaine. Aujourd'hui, 28 mai, vers dix heures et demie du soir, nous passons en vue de Saïgon.

Le 29, vers deux heures de l'après-midi, nous avons rencontré plusieurs transports qui retournaient en France : c'étaient le *Mytho* et l'*Arthémise* ; puis un navire de guerre, le *Hugon*, lequel en passant auprès de nous, au moment où pour le saluer nous jouions quelques morceaux, a tiré quelques coups de canon en signe d'amitié. Ce navire était venu à notre rencontre, pour nous protéger en cas d'attaque en pleine mer. Après quelques renseignements pris par les commandants des deux navires, le *Hugon* s'éloigne environ à une portée de canon et continue à nous escorter de loin.

Le 31 mai, nous arrivons dans la baie d'Alon ; là nous nous arrêtons complètement et nous commençons à nous apprêter pour débarquer sur des cannonnières, car nous sommes encore loin de Haï-Phong et notre navire ne peut nous conduire jusque-là, l'eau n'étant pas assez profonde pour la cale. Nous sommes obligés de rester encore 4 ou 5 jours sur l'*Amazone*, car l'on ne débarque qu'une compagnie à la fois.

Ainsi, le soir de notre arrivée, la 1re compagnie est partie sur une canonnière avec armes et bagages, après avoir touché des vivres pour deux jours et demie.

Le 1er juin, 250 hommes de l'infanterie de marine, qui étaient avec nous, sont également débarqués.

Aujourd'hui 2 juin, l'on décharge l'*Amazone* de ses solives de fer qu'elle avait emmagasinées, pour faire des constructions européennes à Hanoï ; nous n'avons pas de débarquement aujourd'hui.

Mercredi 3, la canonnière *Garnier*, vient chercher la 2e compagnie et le reste de la fanfare. Départ de la baie d'Alon à midi. Nous passons tout près de rochers remarquables par leurs formes bizarres ; ici ce sont des rochers taillés à pic, plus loin l'on dirait d'un ancien château-fort en ruines ; plus loin encore, des rochers escarpés où nous voyons des trous immenses. Dans certains endroits la canonnière a juste l'espace pour passer entre les rochers. Sortis de la baie d'Alon, le fleuve se trouve coupé çà et là par des bancs de sable, des plaines et des herbes marines. Après quelques difficultés nous arrivons à Haï-Phong vers dix heures et demie du matin. Nous descendons à terre afin de faire nos provisions pour nous et nos chevaux que nous avions à bord. Pendant ce temps nous nous promenons un peu en ville et nous allons boire du café qui nous coûte 10 centimes la tasse ; puis plus loin, nous prenons une omelette qui ne nous coûte presque rien ; et pour raffraîchir notre vin, nous payons un verre d'eau glacée 10 centimes. Tout étant terminé nous remontons sur la canonnière où nous passons la nuit. Enfin, le lendemain matin, vers trois heures, nous repartons et nous nous dirigeons vers Hanoï. Nous passons à Dap-Ko où nous descendons pendant quelques instants, pour donner le temps aux officiers de télégraphier notre arrivée prochaine à Hanoï.

Bref, nous arrivons à Hanoï le 7 juin, vers 9 heures du matin.

Fin du voyaye de Toulon à Hanoï (Tonkin).

Félix GERMOND.

Le Mans. — Imprimerie BEAUVAIS, rue de Quatre-Roues.

www.ingramcontent.com/pod-product-compliance
Lightning Source LLC
Chambersburg PA
CBHW061227050726
47594CB00009B/3842